飞行 @ 徽标会萃

50 件航空飞行精品徽标汇

王亚男　编著

北京航空航天大学出版社
BEIHANG UNIVERSITY PRESS

图书在版编目（CIP）数据

飞行@徽标荟萃：50件航空飞行精品徽标汇 / 王亚男编著. -- 北京：北京航空航天大学出版社. 2021.9

ISBN 978-7-5124-3586-5

Ⅰ. ①飞… Ⅱ. ①王… Ⅲ. ①航空－造型－徽章－介绍 Ⅳ. ①V2

中国版本图书馆 CIP 数据核字 (2021) 第 163464 号

飞行@徽标荟萃：50件航空 飞行精品徽标汇

责任编辑：李　帆

责任印制：秦　赞

出版发行：北京航空航天大学出版社

地　　址：北京市海淀区学院路 37 号（100191）

电　　话：010-82317023（编辑部）010-82317024（发行部）010-82316936（邮购部）

网　　址：http://www.buaapress.com.cn

读者信箱：bhxszx@163.com

印　　刷：天津画中画印刷有限公司

开　　本：787mm×1092mm　1/32

印　　张：9

字　　数：37 千字

版　　次：2021 年 9 月第 1 版

印　　次：2021 年 9 月第 1 次印刷

定　　价：58.00 元

UEL

INF NITY

ENGI EERING

NLESS

PHERE

P

AGE

NAUTICS

NAGE

->

TRA FIC

AIRP ANE

HEL COPTER

NAVI ATION

HEMISP ERE

ROMAN IC

FLIGHT

SUBJECT
NAME

1	2	3	4
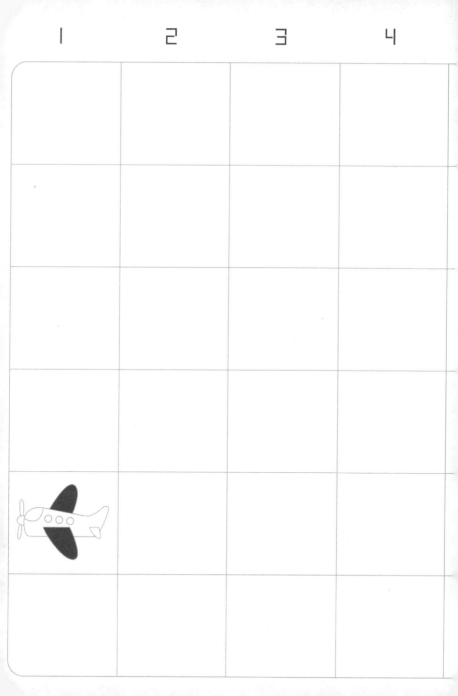			

5　　　　　　6　　　　　　7

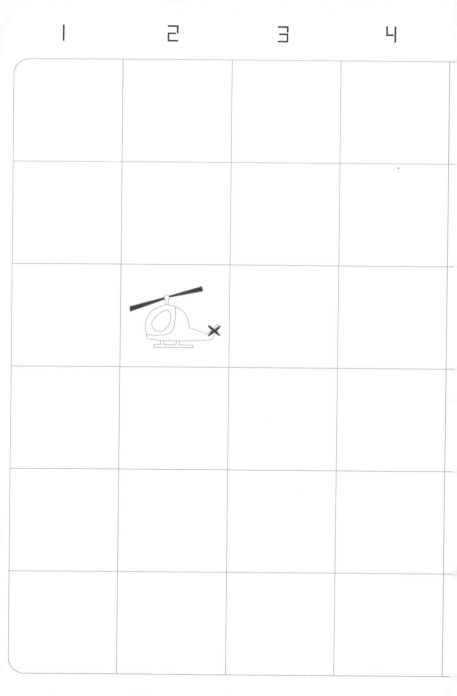

5   6   7

1	2	3	4
		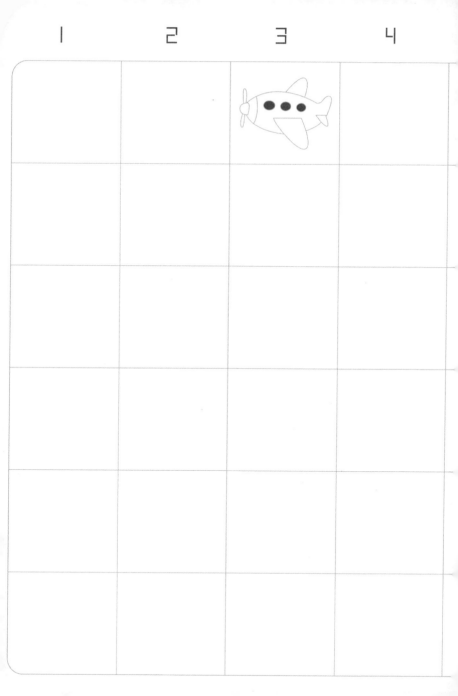	

5   6   7

1	2	3	4

5   6   7

1	2	3	4

5   6   7

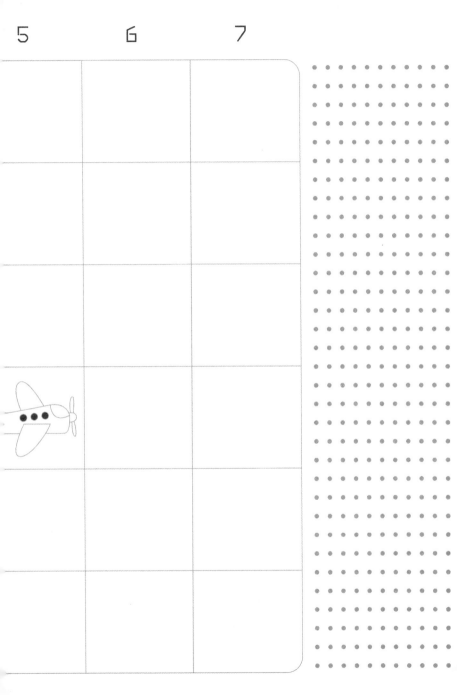

1	2	3	4

5　　　　　　6　　　　　　7

*20*世纪

美国空军版国会荣誉勋章

美国空军版国会荣誉勋章。国会荣誉勋章是美国最高国家荣誉，也是军事体系中最高等级的勋章。空军版带有双翼和闪电装饰。

20世纪 **德意志民主共和国民航忠诚服务金质奖章**

20世纪70年代德意志民主共和国民航忠诚服务金质奖章。章体正面镌刻一架民用飞机的俯视图案,外缘铸有德文"忠诚民航服务";背面是德意志民主共和国国徽。

1956

沈阳军区空军积极分子代表会议纪念章

1956年沈阳军区空军积极分子代表会议纪念章。纯铜铸造，做工精细，手感厚重。外形为八角芒星，内衬为麦穗环饰，中央一架喷气式战斗机在红色五角星光芒照耀下飞行。

*20*世纪

苏联民航 12000 小时安全飞行奖章

20世纪70年代苏联民航12000小时安全飞行奖章。铜制，高41.8毫米，宽34.5毫米，红蓝珐琅装饰，重15.5克。

1968

毛主席视察航空工业十周年纪念像章

1968年毛主席视察航空工业十周年纪念像章。直径40毫米,正面红色珐琅上为毛主席头像,下方是《毛泽东选集》和航空企业厂房,左侧有两架爬升的战斗机。1958年2月,毛泽东主席到沈阳视察航空工业发展建设情况,重点视察了沈阳飞机制造厂和黎明航空发动机厂。

20世纪 **苏联茹科夫斯基空军工程学院毕业证章**

20世纪50年代苏联茹科夫斯基空军工程学院毕业证章。整体菱形,银合金材质,红白两色珐琅装饰,高4.7厘米,宽2.6厘米。

20世纪
的俯冲雄鹰。

美国空军飞行奖章

美国空军飞行奖章。铜制十六芒星造型，中央是爪抓闪电

1926

美国优异飞行十字勋章

1926年美国国会设立的优异飞行十字勋章。这是美国历史最为
悠久的军事航空奖章，主体为马耳他十字造型，正面为四叶螺旋桨。

1918

英国优异飞行十字勋章

1918年设立的英国优异飞行十字勋章。整体银制，十字造型，这也是世界上最早的飞行十字勋章。

*20*世纪

美国空军杰出服务奖章

美国空军杰出服务奖章。整体铜制，十三芒星造型，中央为
蓝色珐琅装饰。

*20*世纪

苏联民航安全飞行50万公里奖章

20世纪60年代苏联民航安全飞行50万公里奖章。宽38.6毫米,高40.5毫米,重21.95克。基底为铜制,上面用红蓝珐琅制作出装饰缎带和蓝天背景。

1914

奥匈帝国气球飞行员证章

1914年奥匈帝国气球飞行员证章。徽章整体镀金，正面是爪抓闪电的雄鹰，两侧是白色珐琅月桂叶花饰，顶部的字母K代表奥匈帝国皇帝卡尔一世，底部装饰有奥地利王冠/纹章、哈布斯堡家族纹章/金羊毛勋章和匈牙利王冠/纹章。

1942

三级云麾勋章

1942年中国国民政府颁发给美国陆军航空队中校杜立特的三级云麾勋章,以褒奖他1942年率队轰炸日本本土的英勇行动。

1913 美军飞行员自制款黄金徽章

1913年美军飞行员自制款黄金徽章。14K金制,上方的铭牌标有"军事飞行员"字样,下方吊饰是展开双翼、双爪抓着信号旗的雄鹰。

1923

苏联志愿航空联合会证章

1923年苏联志愿航空联合会证章。银制,中央有一架红蓝珐琅装饰的飞机,飞机右侧有俄文"Добролёт"字样,机翼上则是该单词的缩写"ДЛ"。证章背景为镰刀和铁锤的图案,周围装饰齿轮和麦穗,上方带有"СССР"字样(苏联的俄文缩写)。

一战时期

保加利亚飞行员证章

第一次世界大战时期保加利亚飞行员证章。935银制，椭圆造型，外沿为橡叶和月桂花环，中央为雄鹰，竖式别针佩戴。

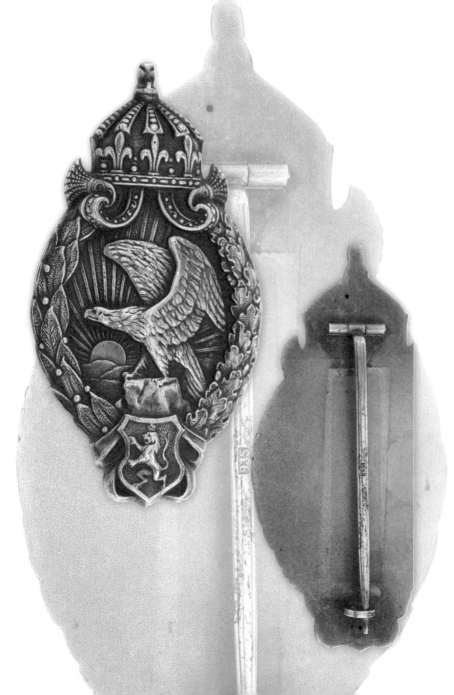

一战时期

奥地利飞行员证章

第一次世界大战时期奥地利飞行员证章。黄铜制作，红绿珐琅装饰。顶部为奥地利帝国王冠，周围是橡叶花环，中央为展翅雄鹰。

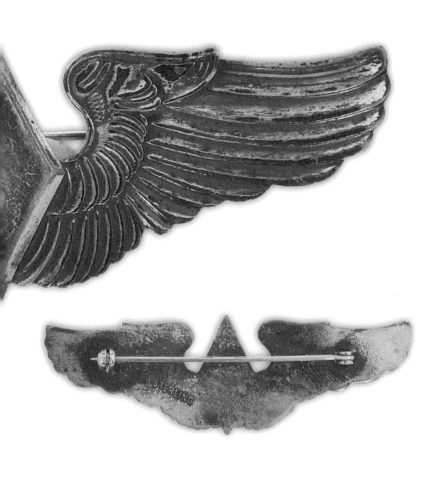

二战时期

美国女性空军服务飞行队证章

第二次世界大战时期美国女性空军服务飞行队
(WASP)证章。银制，呈展开的双翼造型，中央为菱形装饰。

20世纪

斯洛伐克空军飞行员证章

斯洛伐克空军飞行员证章。造型延续了第一次世界大战时奥地利和德国同类徽章传统，两侧为花环装饰，中央是雄踞于斯洛伐克盾形纹章上的展翅雄鹰。

1953

捷克斯洛伐克空军飞行员证章

1953年捷克斯洛伐克空军飞行员证章。两侧为花环装饰，双翼位于花环上方，中央是利剑、红星和捷克斯洛伐克盾形纹章。

20世纪 **泰国警察飞行员刺绣证章**

泰国警察飞行员刺绣证章。金线刺绣，双翼造型，中央是泰国国旗盾章和银制警察徽章，顶部是皇室纹章。

一战时期

美国海军气球飞行员证章

第一次世界大战时期美国海军气球飞行员证章。单翼造型，铜制。

一战时期

德国飞行证章

第一次世界大战时期德国飞行证章。银制,别针佩戴。章体正面装饰一架"鸽"式飞机。

一战时期

土耳其飞行员证章

第一次世界大战时期土耳其飞行员证章。银制镀金，别针佩戴。两侧是橡叶和月桂花环，中央是带星月标志的双翼造型。

1923

苏联航空之友协会证章

1923年苏联航空之友协会证章。银制，螺帽螺杆佩戴，主体图案为镰刀、铁锤和飞机，顶部装饰红色五角星和1923字样。

1968 **苏联里加高等军事航空工程学校成立25周年纪念证章**

1968年苏联里加(现拉脱维亚首都)高等军事航空工程学校(BBAИУ)成立25周年纪念证章。黄铜材质,珐琅装饰,高5.1厘米,宽3厘米,正面主图案为蓝色天幕中直冲云霄的一架三角翼喷气式歼击机。

20世纪

苏联军队优秀跳伞证章

20世纪70年代苏联军队优秀跳伞证章。黄铜材质，高5厘米，宽2.3厘米，蓝白两色珐琅，整体呈降落伞造型，上面铸有一架大型飞机和跳伞士兵的图案。证章上标注的阿拉伯数字10表示成功跳伞10次。

*20*世纪

俄罗斯帝国时期"俄罗斯力量—航空队"证章

20世纪初俄罗斯帝国时期"俄罗斯力量—航空队"证章。875银制,高3.7厘米,宽2.3厘米,圣彼得堡制造。外形采用月桂花环造型,正中央是一架布莱里奥飞机的俯视图案。

二战时期

美国女性空军服务队国会金质奖章

第二次世界大战时期美国女性空军服务队(WASP)国会金质奖章。呈正圆形,正面是WASP队员形象,背面以P-51战斗机、AT-6教练机和B-26轰炸机为图案。

20世纪

美国陆军麦凯伊航空奖章

20世纪20年代美国陆军麦凯伊航空奖章。专门奖励创下卓越远航飞行纪录的美国飞行人员，奖章由著名珠宝公司蒂芙尼制造，工艺精湛。

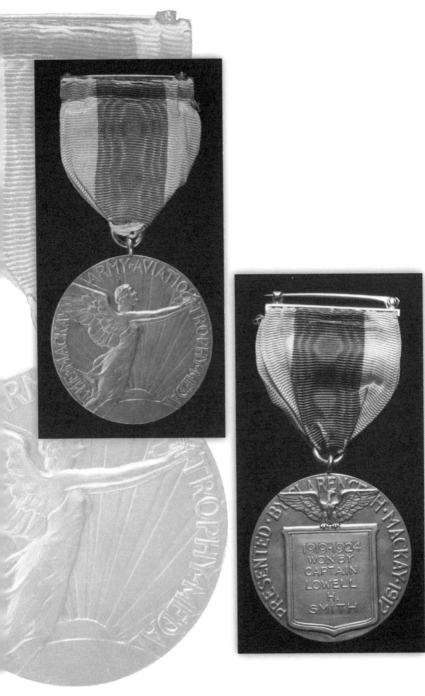

二战时期

美国陆军航空队特级飞行员双翼证章

第二次世界大战时期美国陆军航空队特级飞行员双翼证章。银制，长7.5厘米，宽3厘米。

20世纪 **喀麦隆空军飞行员帽徽**

喀麦隆空军飞行员帽徽。采用浓郁法兰西风格的圆形花环
设计,中央为交叉双剑和法式双翼图案,顶部有银色五角星装饰。

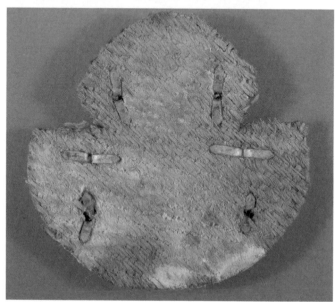

二战时期

英国皇家空军军官帽徽

第二次世界大战时期英国皇家空军军官帽徽。顶部为王冠,下方有一只展翅雄鹰,底部为花叶装饰。

20世纪 **波兰空军二战功勋奖章**

20世纪70年代波兰空军二战功勋奖章。正面为波兰空军棋盘格式徽章，外围包裹月桂花环；背面为波兰铭文，意为"波兰致其保卫者"。

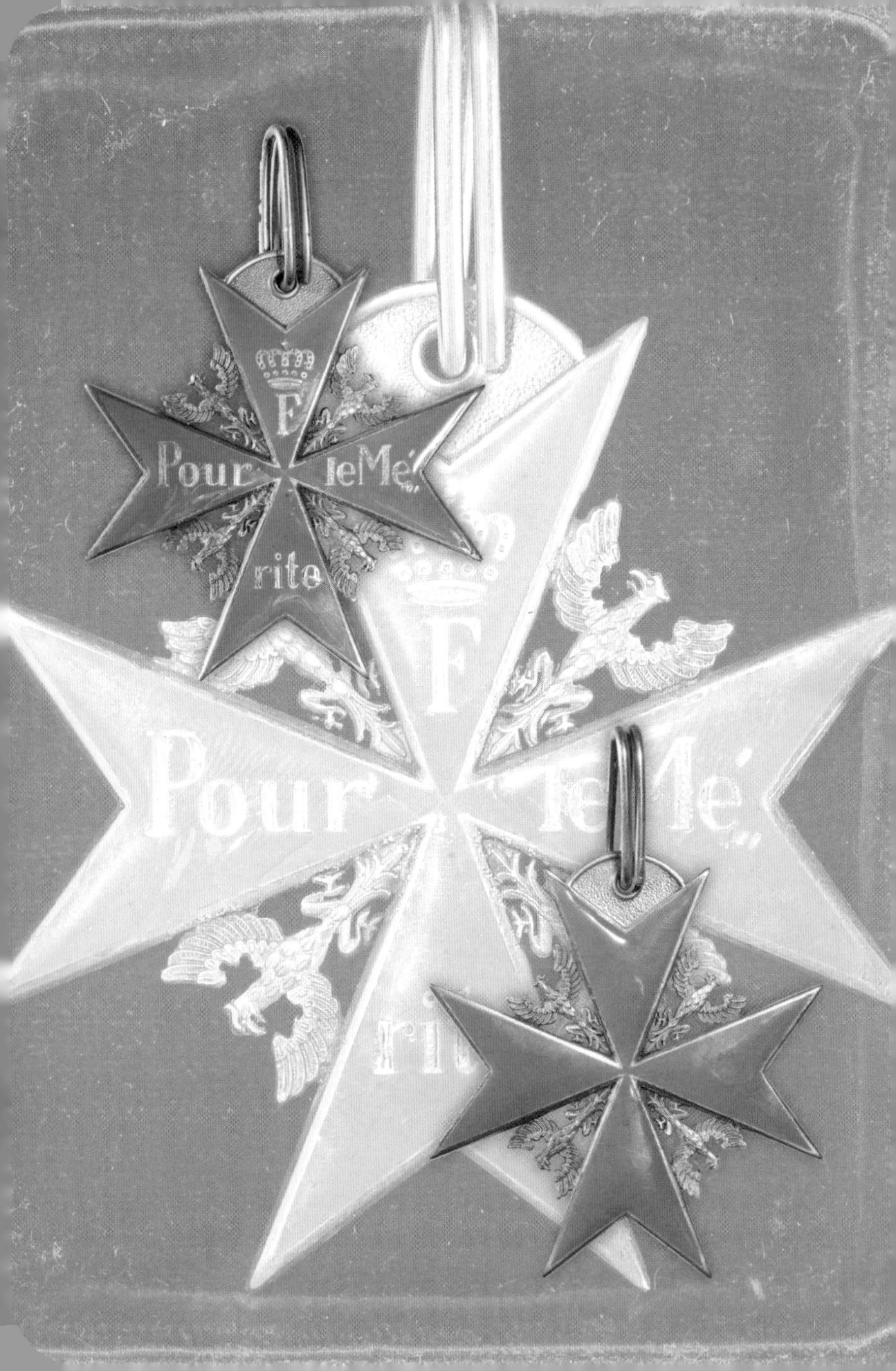
Pour
leMé
rite

一战时期

德国蓝马克斯勋章

第一次世界大战时期德国蓝马克斯勋章。这种勋章整体为分叉马耳他十字造型,银质镀金,通体覆盖蓝色珐琅,四角装饰四只雄鹰,相当靓丽。当时蓝马克斯是空军最高荣誉,只有击落5架以上飞机的王牌飞行员才有机会获得。

一战时期

德意志帝国海军航空兵陆上飞机飞行员证章

第一次世界大战时期德意志帝国海军航空兵陆上飞机飞行员证章。银制镀金,竖式别针佩戴。正面图案为一只翱翔的雄鹰,外围包裹橡叶和月桂花环,顶部装饰有德意志帝国查理曼大帝的王冠。

一战时期

美国远征军驻法国第103飞行中队银制证章

第一次世界大战时期美国远征军驻法国第103飞行中队银制证章。长宽不超过2.4厘米，采用印第安土著图案，美国蒂芙尼珠宝公司特制。第103中队在1918年2月20日由法国航空兵拉法耶特中队中的美国飞行员组建，后来转入第3驱逐大队。

一战时期

美国远征军第278飞行中队银制证章

第一次世界大战时期美国远征军第278飞行中队银制证章。采用飞翔的猫头鹰图案，猫头鹰抓着一个望远镜。第278中队是陆军第7军所属观察大队的观察中队。

一战时期

美国陆军航空队士官帽徽

第一次世界大战时期美国陆军航空队士官帽徽。螺帽螺杆佩戴，采用螺旋桨和双翼造型，整体黄铜材质，螺旋桨部分镀银。

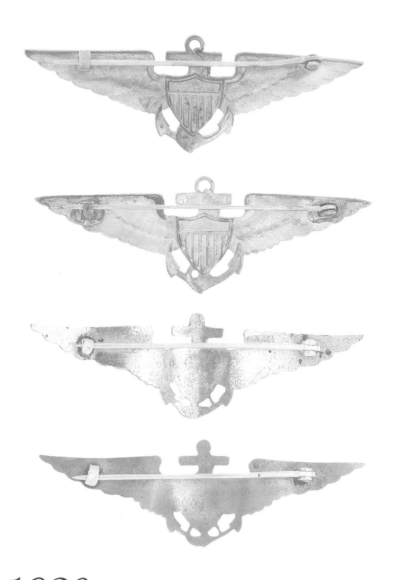

1920

美国海军飞行员双翼证章

1920年美国海军飞行员双翼证章。铜制镀金,别针佩戴。正面为盾牌、铁锚和双翼图案。

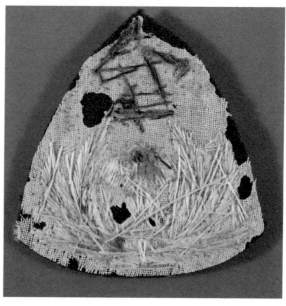

二战时期

意大利空军军官刺绣版帽徽

第二次世界大战时期意大利空军军官刺绣版帽徽。顶部为意大利王冠，中央为雄鹰，底部和两侧为花叶环饰。

二战时期

波兰空军金属帽徽

第二次世界大战时期波兰空军金属帽徽。中央为头戴王冠的雄鹰，下方是亚马逊之盾，两侧为历史上极为骁勇的波兰翼骑兵的标志性羽翼装饰。

20世纪

德国空军金属帽徽

德国空军金属帽徽。中央为双翼图案，外围为橡叶环饰，简洁朴素。

二战时期

波兰空军飞行员证章

第二次世界大战时期波兰空军飞行员证章。采用展翅飞翔的雄鹰造型，雄鹰口衔月桂花环，通过金属链和挂钩悬挂佩戴。

20世纪

美国宇航局太空飞行奖章

20世纪80年代美国宇航局太空飞行奖章。正面采用卷轴、三角形、月桂花环和航天飞机图案,背面有英文"太空飞行奖章"字样。

20世纪 **苏联飞行员证章**

20世纪20年代苏联飞行员证章。黄铜制造,红色珐琅装饰。两侧为橡叶和月桂花环,中央为双翼和红色五角星图案。

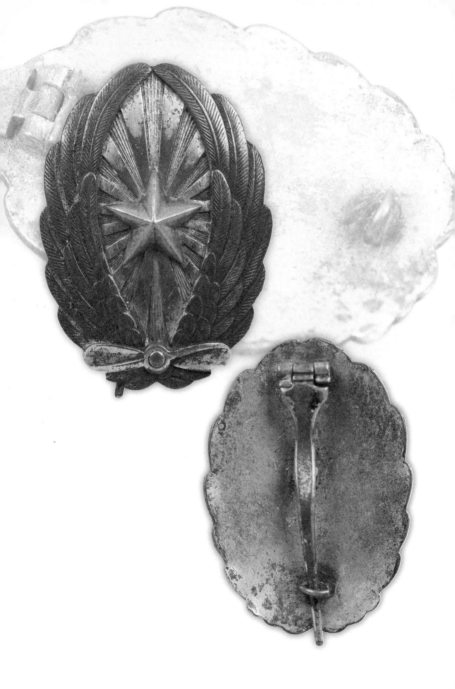

二战时期

日本陆军飞行员证章

第二次世界大战时期日本陆军飞行员证章。中央部分为镀金五角星,背景为四射的光芒,两侧是羽翼装饰,底部采用螺旋桨造型。竖式别针佩戴。

二战时期

克罗地亚飞行员证章

第二次世界大战时期克罗地亚飞行员证章。铜制镀银,中央为雄鹰,下方是克罗地亚红白相间的盾形纹章,周围是绣带盘绕环饰。

二战时期

美国陆军航空队军官金属帽徽

第二次世界大战时期美国陆军航空队军官金属帽徽。正面是美国国鸟白头海雕，双爪分别握持箭镞和月桂，上部装饰13颗星，下部装饰盾形纹章。

二战时期

法国空军飞行员证章

第二次世界大战时期法国空军飞行员证章。采用圆形银色橡叶花环和金色双翼造型，顶部装饰有一枚金色五角星。

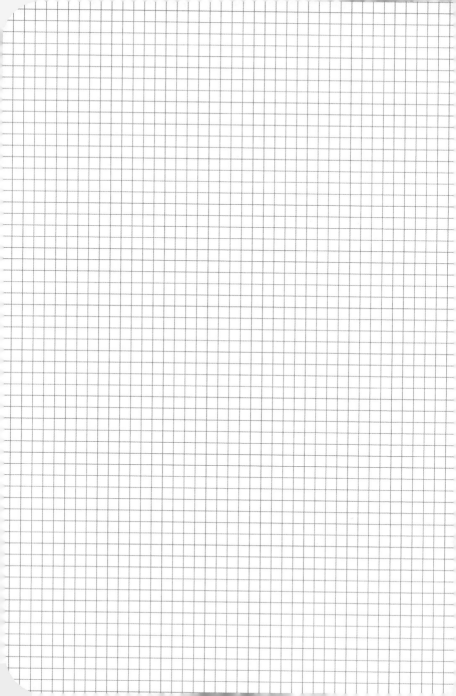

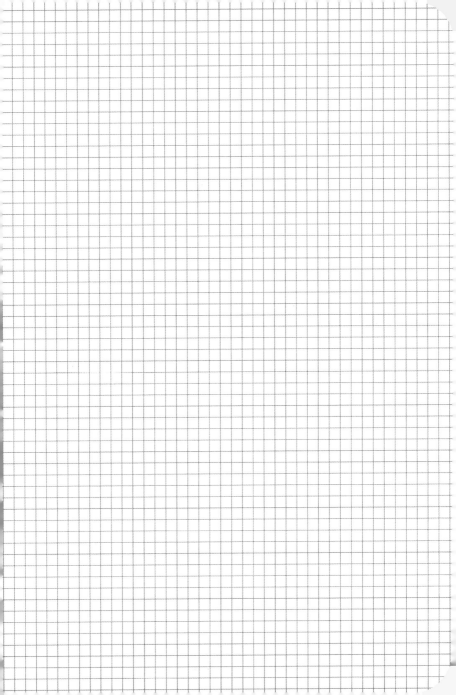

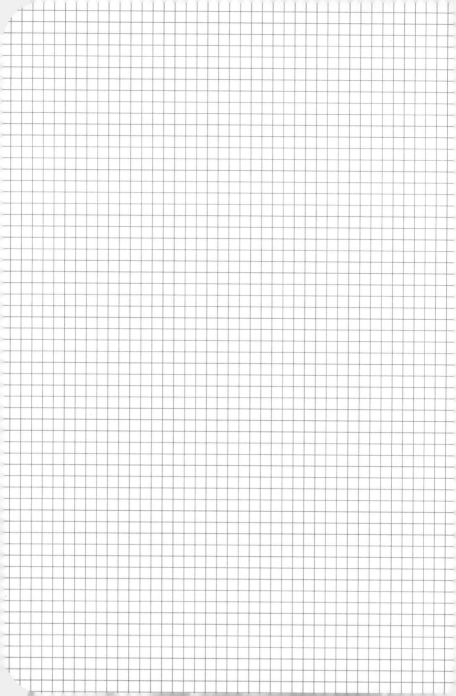

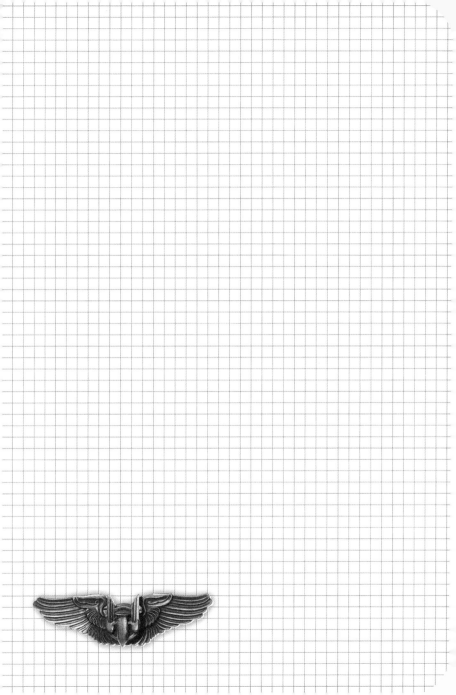

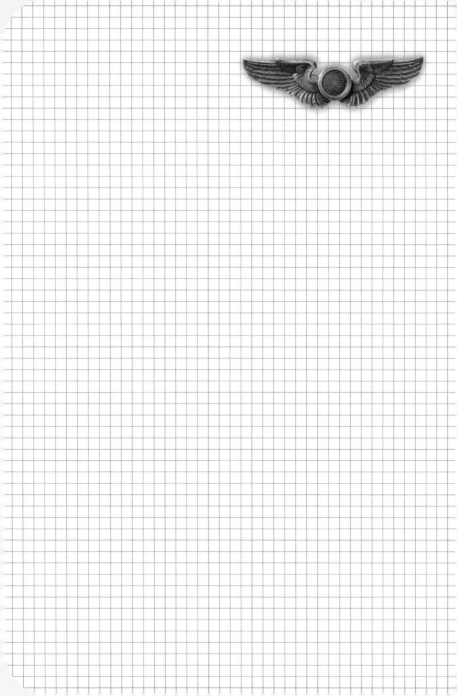

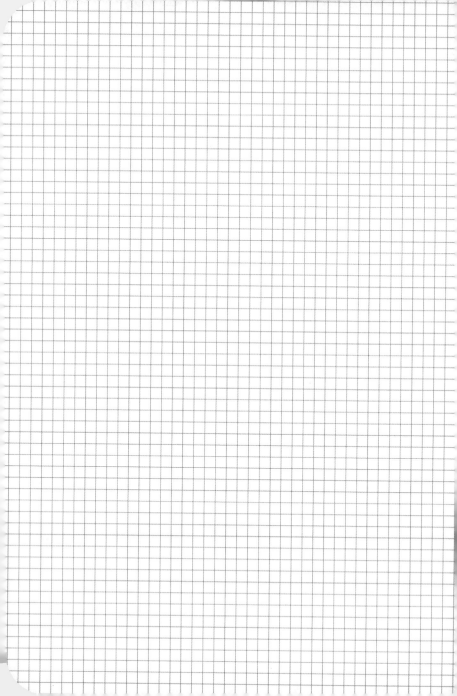

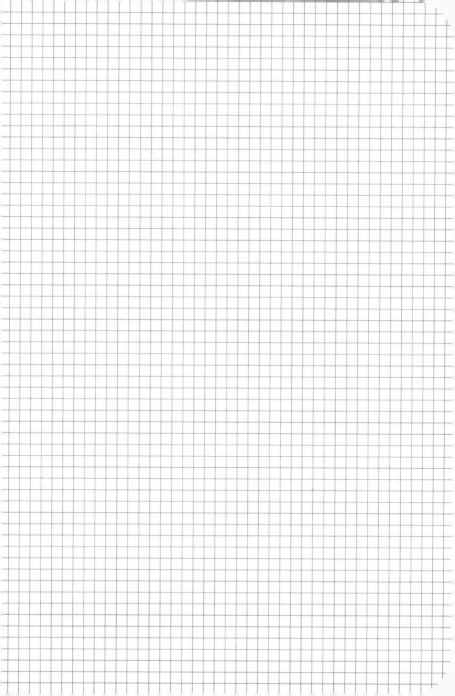

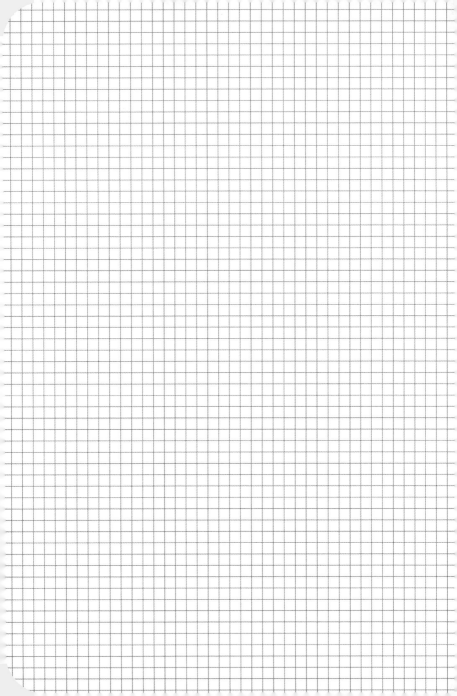

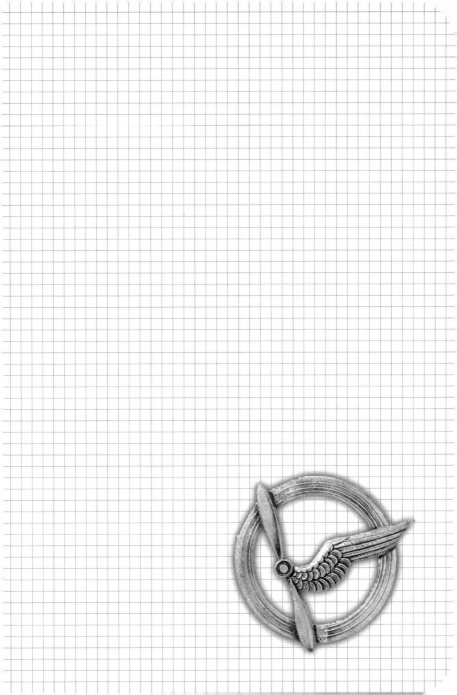

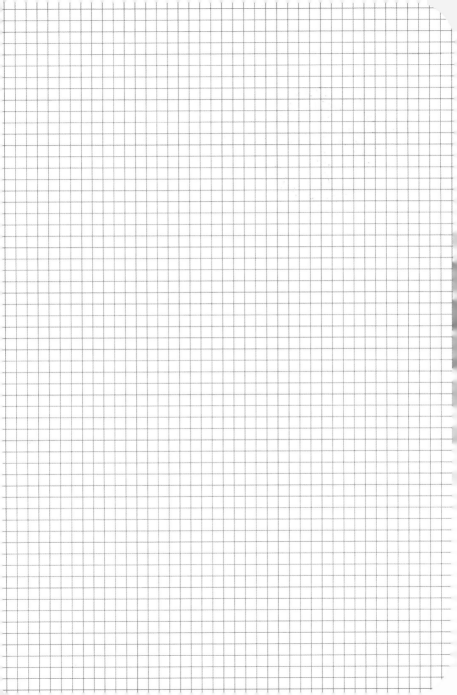

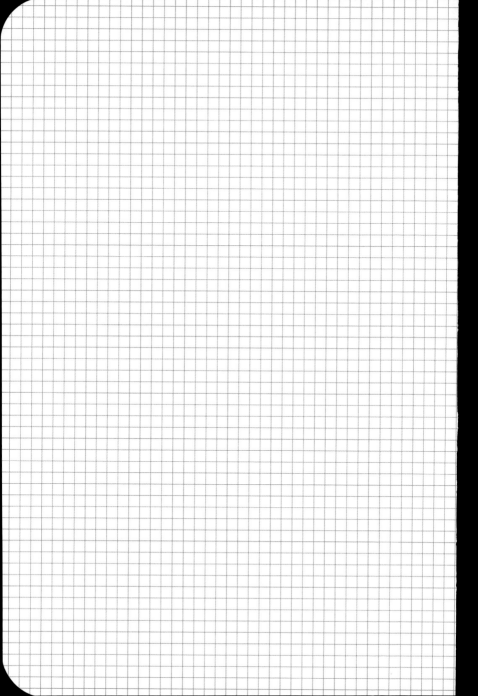

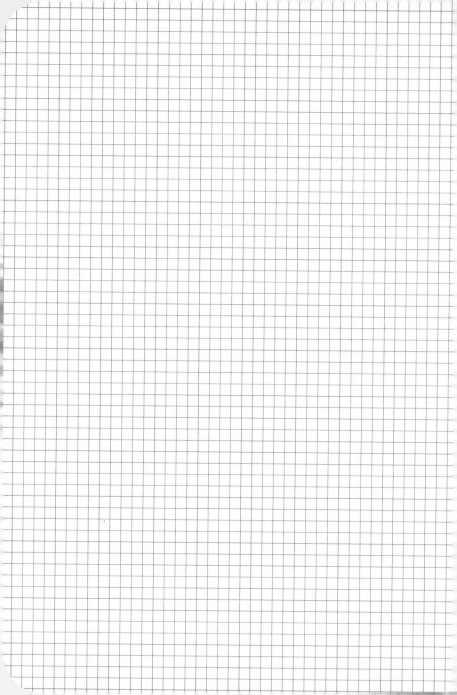

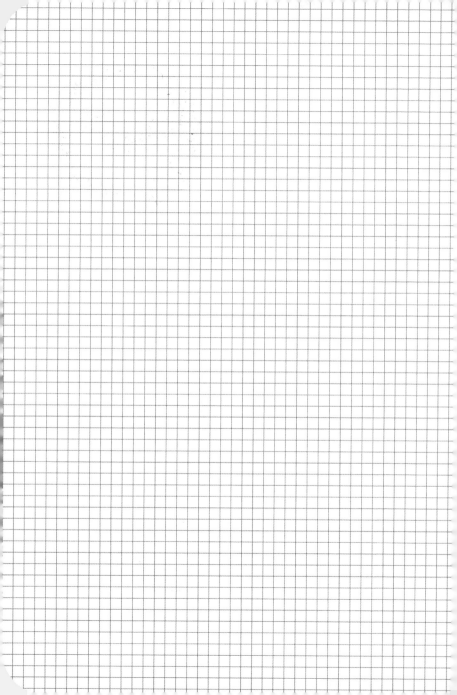

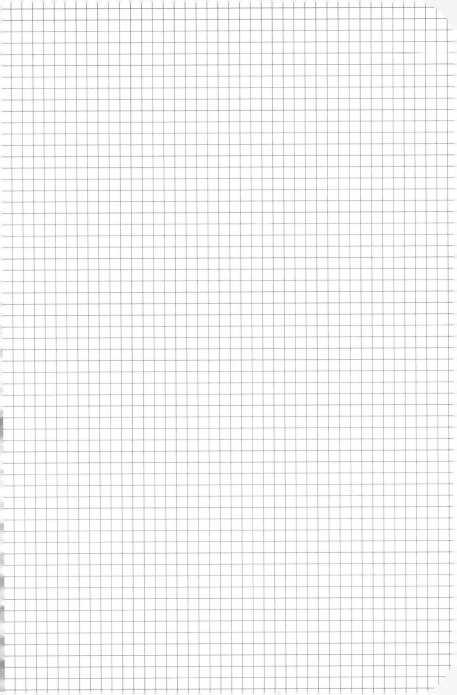

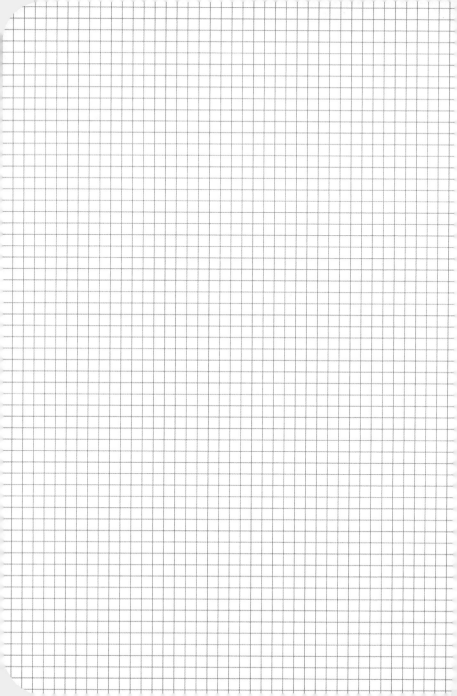

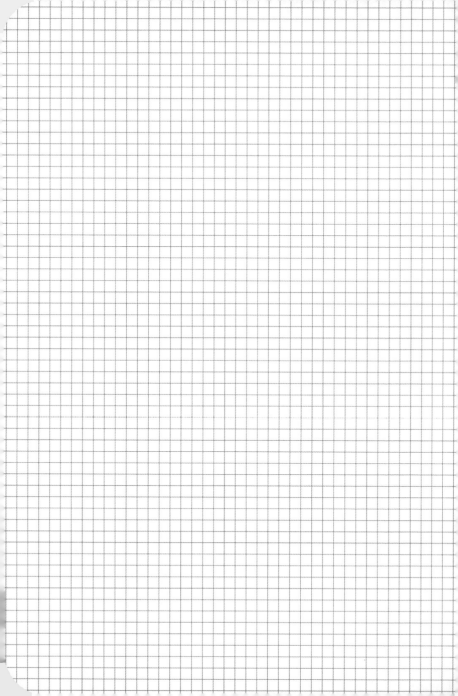

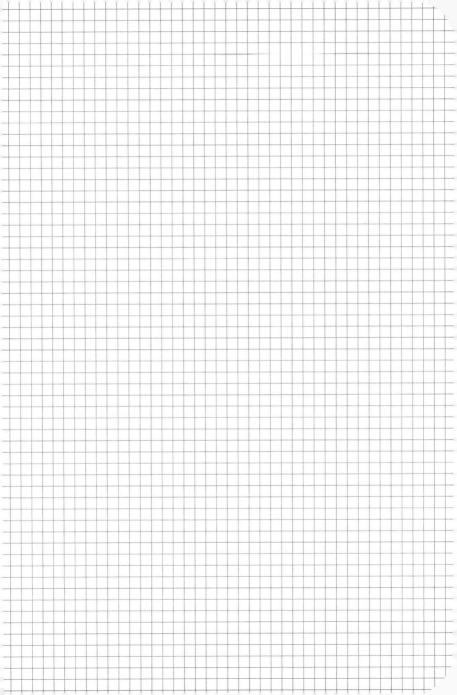

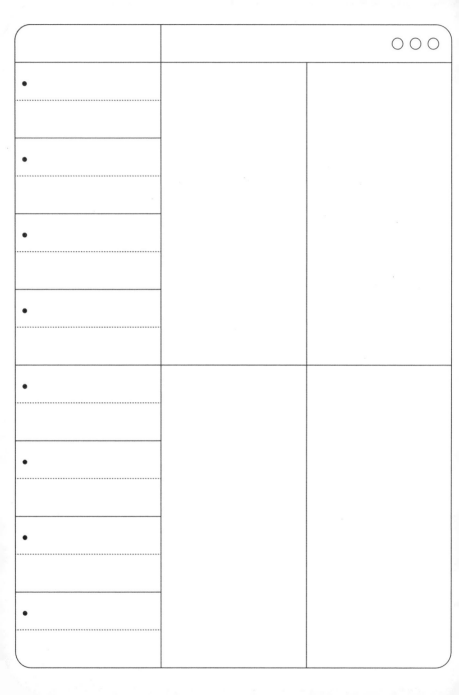

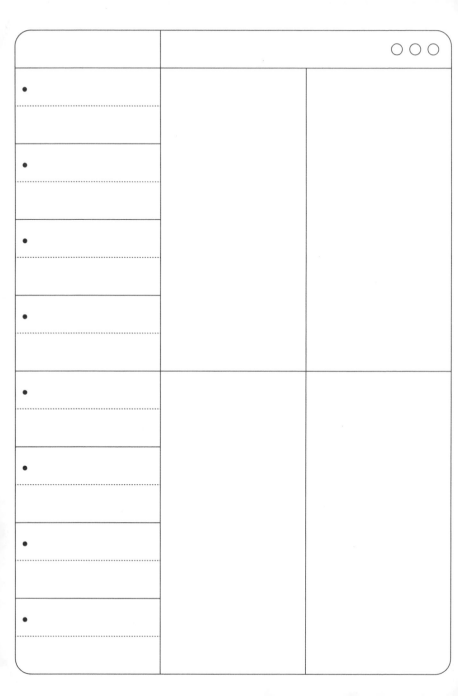

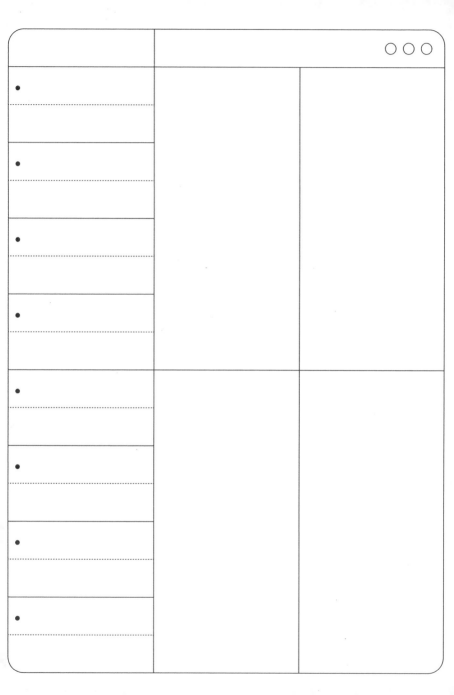

STE ARDESS

TRANSPO TATION

INTERNAT ONAL **RE**

AL ITUDE

ST

FUS LAGE

ATMO

SPACES

UNDERCARR

AER

EMPE

AUT GYRO

EF ECTIVE